# Rapid Prototyping mit MATLAB Simulink

Florian Haider

**Bibliografische Information der Deutschen Nationalbibliothek:**

Die Deutsche Nationalbibliothek verzeichnet diese Publikation in der Deutschen Nationalbibliografie; detaillierte bibliografische Daten sind im Internet über http://dnb.d-nb.de abrufbar.

ISBN: 9783346692139
Dieses Buch ist auch als E-Book erhältlich.

© GRIN Publishing GmbH
Nymphenburger Straße 86
80636 München



Druck und Bindung: Books on Demand GmbH, Norderstedt Germany
Gedruckt auf säurefreiem Papier aus verantwortungsvollen Quellen

Das vorliegende Werk wurde sorgfältig erarbeitet. Dennoch übernehmen Autoren und Verlag für die Richtigkeit von Angaben, Hinweisen, Links und Ratschlägen sowie eventuelle Druckfehler keine Haftung.

Das Buch bei GRIN: https://www.grin.com/document/1254389

# Rapid Prototyping

## RAPID PROTOTYPING MIT MATLAB SIMULINK

FLORIAN HAIDER

# Inhaltsverzeichnis

# I. Abkürzungsverzeichnis

| |
|---|
| FMEA = Failure Mode and Effects Analysis |
| IT = Informationstechnologie |
| KFZ = Kraftfahrzeug |
| PEP = Produktentwicklungsprozess |
| RPZ = Risikoprioritätszahl |
| SLM = Selective Laser Melting |
| US = United States |
| VDA = Verband der Automobilindustrie |

# II. Abbildungsverzeichnis

# 1. Einleitung

## 1.1 Einführung

Die time to market (TTM), die ein Produkt von der Konzeption bis zu Markteinführung benötigt, müssen von den Unternehmen immer weiter reduziert werden, um wettbewerbsfähig zu bleiben. Um diese Zeit zu reduzieren, werden innerhalb der Organisation Bereiche geschaffen die sich explizit mit new product development (NPD) und new product indroduction (NPI) beschäftigen.[1] Dadurch erhalten die Unternehmen einen first-mover advantage, der dem Produkt mehr Marktanteil und Umsatz beschafft. Der Research & Development (R&D) Prozess kann auch an einen externen Dienstleister vergeben werden, der verschiedene Aufgaben übernehmen kann. Nach den Prognosen des US Census Bureaus (Abbildung 1) wird der Umsatz in den USA der Branche R&D in nächsten Jahren stetig wachsen.

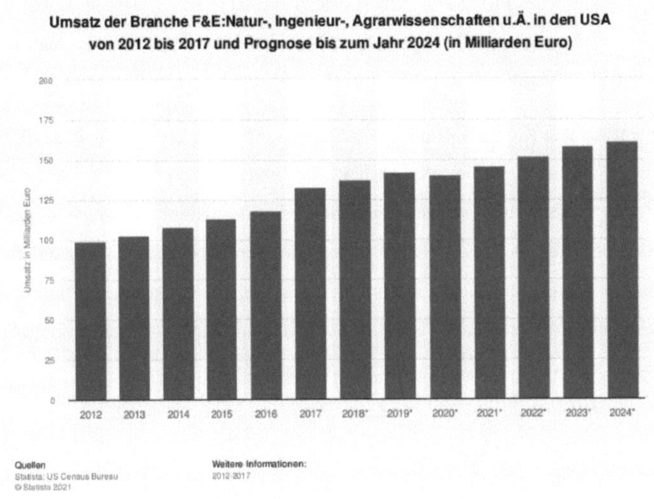


*Abbildung 1: Branchenumsatz F&E in den USA von 2012-2024[2]*

---

[1] Arenasolutions, 2022
[2] US Census Bureau, 2020

Um als Unternehmen oder externer Dienstleister im Bereich R&D wettbewerbsfähig zu bleiben und an den steigenden Umsatzprognosen teilzuhaben, bedarf es der Anwendung von effizienten Entwicklungsprozessen und Vorgehensmodellen. Ein Kernpunkt aller Entwicklungsprozesse in der Industrie ist die Erstellung von Prototypen. Durch die Prototypen werden entwickelte Produkte visualisiert, um die Produkteigenschaften weiter zu verfeinern bzw. das Produkt auf seine festgelegten Anforderungen anhand der Prototypen zu prüfen. Um die Dauer bis zur Erstellung des Prototyps zu reduzieren, wurde der Prozess des Rapid Prototyping eingeführt. Dieser Prozess des Rapid Prototyping wird in der vorliegenden Arbeit beleuchtet.

## 1.2  Ziel und Aufbau der Arbeit

Das Ziel der Arbeit ist die Vorstellung eines Rapid Prototyping Vorgehensmodells. Dabei sollten Vorteile bei der Entwicklung von komplexen mechanischen Systemen erläutert werden. Außerdem sollte das Vorgehen des Prozesses anhand eines Beispiels gezeigt werden. Dabei sollte auch die mögliche Unterstützung beim Vorgehen von Matlab Simulink, sowie der Aspekt der Wiederverwendung diskutiert werden.

Das Assignment besteht aus vier Kapiteln. Die Einleitung gibt eine kurze Einführung in das Thema und erörtert den Aufbau und das Ziel der Arbeit. Im zweiten Kapitel werden einfache Vorgehensmodelle in der Produkt- und Systementwicklung, der Produktentwicklungsprozess und das Rapid Prototyping als Prozess vorgestellt. Nachfolgend werden im dritten Kapitel die im zweiten Kapitel erläuterten Modelle und Prozesse anhand eines Beispiels angewandt. Hierbei wird auch die mögliche Anwendung von Matlab Simulink besprochen. Das Assignment schließt im vierten Kapitel mit einer kritischen Würdigung und einem Fazit ab.

# 2. Vorgehensmodelle

Seit nun mehr vielen Jahren werden diverse disziplinübergreifende und -spezifische Vorgehensmodelle vorgeschlagen, um den Produktentwicklungsprozess (PEP) zu unterstützen. Gerade die disziplinübergreifenden Vorgehensmodelle sind für die Mechatronik und System Engineering essenziell, da bei diesen Systemen nicht nur die Anforderungen der Mechanik und Elektrik zu erfüllen sind, sondern auch die Anforderungen der softwaretechnischen Komponenten.[3] Vorgehensmodelle bestehen zumeist aus mehreren aufeinander aufbauenden Phasen, die hintereinandergeschaltet sind. Anhand dieses Vorgehensmodells wird ein Entwicklungsplan dargelegt, bei dem die einzelnen Phasen sequenziell oder parallel bearbeitet werden können. Durch diesen Plan wird der Entwicklungsprozess effizienter.[4] Es gibt also Meilensteine, die einen groben roten Faden vorzeigen, wie ein Projekt oder eine Produktentwicklung durchzuführen ist. Die Ergebnisse einer Umfrage, dargestellt in Abbildung 2., zeigt, dass in Deutschland die gängigsten Modelle bekannt und teilweise Anwendung finden.

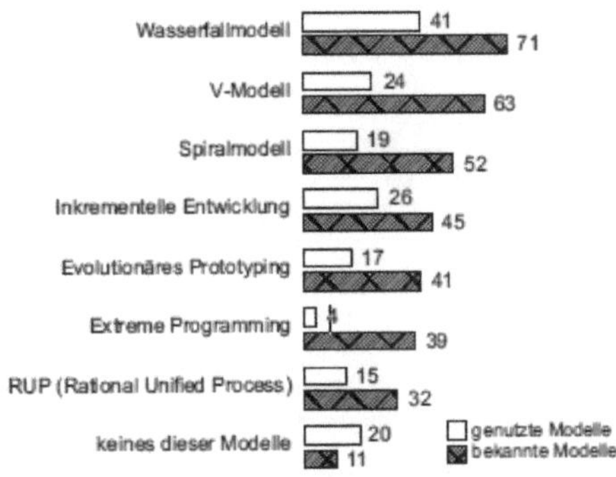


*Abbildung 2: Vorgehensmodelle in deutschen Unternehmen, Angaben in Prozent[5]*

Grundlegend sind bei jedem Vorgehensmodell die Schritte: Anforderungsanalyse, Grobdesign, Feindesign, Implementierung, Test und Integration. Je nach Vorgehensmodelle werden die Schritte abgewandelt und angepasst.

---

[3] Vgl. Eigner, et al., 2014, S.41-43
[4] Vgl. Aichele & Schönberger, 2014, S.29-30
[5] Computer Zeitung, 2005

## 2.1 Vorgehensmodelle im Produkt- und Systementwicklungsprozess

Die Vorgehensmodelle für Produkt- und Systementwicklungsprozesse von mechatronischen Systemen sind zumeist Abwandlungen des V-Modells. Die bekannteste Abwandlung ist die VDI-Richtlinie 2206 (Abbildung 3).[6]

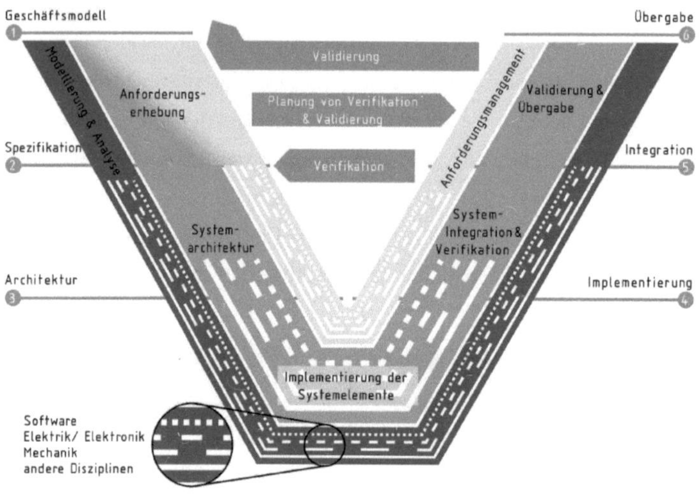


*Abbildung 3: VDI Richtlinie 2206 PEP mechatronischer und cyber-physischer Systeme[7]*

Dieses Modell richtet sich an alle Beteiligten des Entwicklungsprozesses. Nicht nur die Entwicklung, sondern auch die Fertigung, Marketing, Vertrieb und Planung werden in den Prozess einbezogen. Die Schritte 1–3 beschäftigen sich mit dem System Engineering, also von der Analyse bis hin zum Design. In den Schritten 4–6 wird die Systemintegration durchgeführt, diese erstreckt sich von der Implementierung bis zur Übergabe. Die besondere Eigenschaft dieses Modells ist der Fokus auf die Modellierung & Analyse der Bestandteile des mechatronischen Systems. Diese Modellierung & Analyse ist in den Schritten 1–3 essenziell, da hier die Grundlagen des Systems anhand der Anforderungen und der Architektur gelegt werden. Diese Schritte können auch als Mikro-Zyklus in einer Schleife durchgeführt werden, um von einem groben Modell zu einem

---

[6] Vgl. Eigner, et al., 2014, S43
[7] VDI, 2021

testfähigen Prototyp zu gelangen.[8] Der Prozess der Schritte 3–5 kann auch Prototyping genannt werden. Hier wird computergestützt das System realisiert und erste Tests durchgeführt. Nachfolgend wird der Prototyp physisch realisiert und einzelne Komponententests durchgeführt, um alle Elemente zu verifizieren und zu implementieren. Das Prototyping ist sehr zeit- und kostenintensiv, da viele Zyklen notwendig sind, bis der Prototyp alle Spezifikationen des Kunden erfüllt. Um diesen Prozess zu beschleunigen, werden verschiedene Werkzeuge eingesetzt, die den Entwicklungsprozess unterstützten. Mithilfe dieser Werkzeuge wird aus dem Prototyping ein Rapid Prototyping (Verfahren zur schnellen Herstellung von Musterbauteilen).

## 2.2   Rapid Prototyping

Wie in Kapitel 2.1 beschrieben, ist das Rapid Prototyping ein Verfahren, mit dem schnell Prototypen und Modelle erstellt werden können. Allgemein wird unter Rapid Prototyping die direkte Fertigung von 3-D Modellen auf der Basis vorhandener Konstruktionsdaten verstanden.

| Verfahren | verwendete Werkstoffe |
| --- | --- |
| Selektives Lasersintern | Metalle und Thermoplaste |
| 3D-Printing | Kalkpulver und Kunststoffe |
| Fused Decomposition Modelling | Polycarbonat |
| Sterolithografie | Flüssige Polymere |
| Selektives Laserschmelzen | Metalle und Thermoplaste |

*Tabelle 1: Rapid Prototyping Verfahren mit verwendetem Werkstoff*

Das Modell wird je nach Anwendungs- und Testfall mit den in Tabelle 1 dargestellten Verfahren erstellt.[9] In mechatronischen Systemen kann die entsprechende Softwarefunktion anhand des erstellten Prototyps getestet werden. Hier kann von Software-Rapid-Prototyping gesprochen werden, da durch die Tests schnell Daten gesammelt werden können.[10] Der Vorteil, den das Software-Rapid-Prototyping mitbringt ist die Möglichkeit der Wiederverwendung der für den Testzweck erstellten Simulationsumgebung. Besonders am Rapid Prototyping ist, dass flexibel auf sich ändernde Kundenwünsche bzw. Anforderungen, sowie andere Umwelteinflüsse reagiert

---

[8] Vgl. Eigner, et al., 2017, S.383
[9] Vgl. Zauner & Schrempf, 2009, S.251
[10] Vgl. Liao, 2022, S.32

werden kann. Um nicht mehrere Prototypen erstellen zu müssen und Ressourcen zu verschwenden, kann Matlab Simulink zur Simulation des Systems verwendet werden. Dabei können die Parameter flexibel, je nach Anforderung, angepasst werden, um daraus die Reaktion des Systems abzuleiten. Somit können schnell Erkenntnisse gewonnen und Anpassungen gemacht werden, bevor der Prototyp physisch erstellt wird. Im folgenden Kapitel wird dies anhand eines Beispiels näher erläutert.

# 3. Anwendung des Rapid Prototyping Verfahrens im V-Modell anhand des Beispiels: Rennradtretkurbelsystem

Folglich wird konkret das Vorgehen und Vorgehensmodell aus Kapitel 2. für ein Beispiel durch exorziert. Dabei kommt das Rapid Prototyping, sowie die Anwendung Matlab Simulink zum Einsatz. Ziel ist es jedoch nicht im Anwendungsfall mathematische Formeln aufzustellen oder alle Komponenten in Matlab Simulink abzubilden, sondern die Erörterung der möglichen Vorgehensweise. Dennoch werden mögliche Ergebnisse der Simulation über Matlab Simulink besprochen.

Der Leichtbaugedanke und die optimale Kraftübertragung von Komponenten sind nicht nur allein auf den Motorsport begrenzt, sondern ist auch im Hochleistungssport essenziell. Dies schwappt auch vermehrt auf den Sport- und Freizeitsektor über. Durch den Einsatz von den bestmöglichen Komponenten sollte das Leistungspotential des Fahrers vollständig ausgenutzt werden. Wobei es im Hochleistungssport um Sekundenbereiche geht und verbesserte Komponenteneigenschaften über Sieg und Niederlage entscheiden.

Mit Hinblick auf die ständige Weiterentwicklung des Radsports und der genutzten Leichtbauwerkstoffe können die genutzten Komponenten ständig im Hinblick auf ihre Eigenschaften optimiert werden.

In der folgenden Betrachtung wird ein Direct Mount Tretkurbelsystem betrachtet, welches durch den modularen Aufbau einfacher durch das Vorgehensmodell zu behandeln ist. Auf die Unterschiede zu den konventionellen Tretkurbelsystemen wird nicht eingegangen. Aufgrund der beschränkten Seitenanzahl wird die Produktentwicklung des Systems auf den Kurbelarm begrenzt. Außerdem wird das Vorgehensmodell aus Kapitel 2.1 nur bis zu der Erstellung des Prototyps durchgeführt. Die quantitativen Ergebnisse des Prototyps werden nicht aufgeführt.

## 3.1 Direct Mount Tretkurbelsysteme an Rennrädern

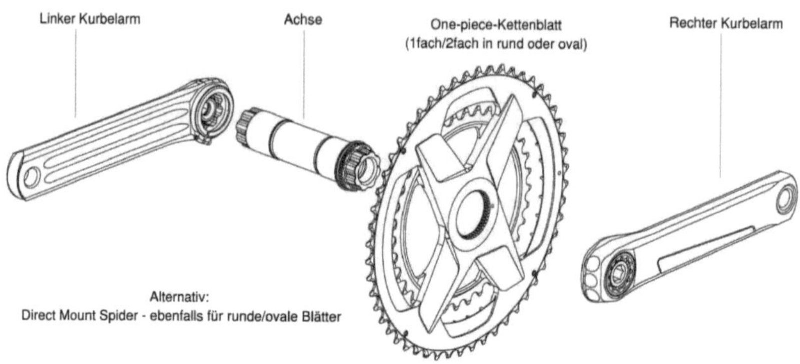


*Abbildung 4: Schematische Darstellung eines Tretkurbelsystem (Direct Mount Kurbel)[11]*

Das Tretkurbelsystem der Spezialvariante Direct Mount besteht aus den in der Abbildung 4. dargestellten Komponenten. Der Vorteil von Direct Mount Systemen ist der modulare Aufbau der einzelnen Komponenten und der direkte Verbund von Kettenblatt und Achse. Dies sorgt für mehr Wartungsfreundlichkeit, eine deutlich bessere Kraftübertragung und Zeitersparnis beim Wechseln des Kettenblatts.[12] An der Kurbel wird auch ein Powermeter verbaut. Dieser Powermeter misst die Kraft des Fahrers in Watt, die auf den Antrieb einwirkt. Gemessen wird die Kraft durch die Anbringung von Dehnmessstreifen an der Kurbel. Bei entsprechender Krafteinwirkung durch den Fahrer wird die Dehnung bzw. Windung des Messstreifens in einen elektrischen Widerstand umgewandelt und aus diesem wird das Drehmoment berechnet.[13]

---

[11] Kruck, 2018
[12] Vgl. Kruck, 2018
[13] Vgl. Jonas, 2019

## 3.2 Rapid Prototyping - Produktenwicklung Kurbelarm

### 3.2.1 Analyse und Anforderungserhebung Kurbelarm

Die Lasten, die auf einen Kurbelarm einwirken, sind für die Auslegung der Struktur wesentlich. In Abbildung 5. wird schematisch dargestellt, welche Belastungen auf den Kurbelarm einwirken.

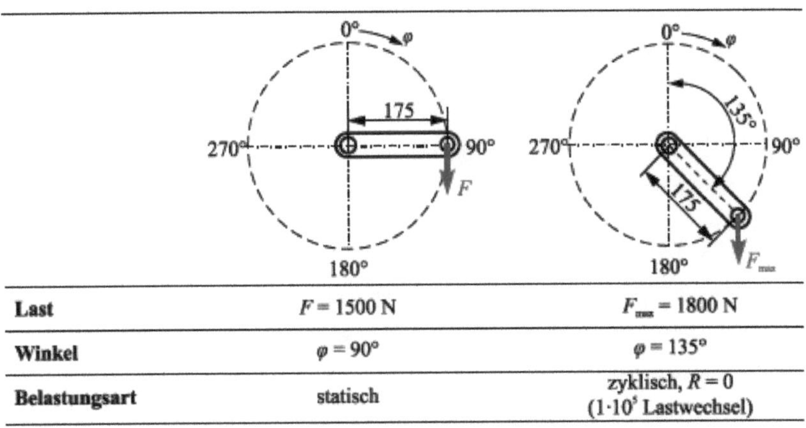


| | | |
|---|---|---|
| **Last** | $F$ = 1500 N | $F_{max}$ = 1800 N |
| **Winkel** | $\varphi$ = 90° | $\varphi$ = 135° |
| **Belastungsart** | statisch | zyklisch, $R$ = 0 (1·10⁵ Lastwechsel) |

*Abbildung 5: Beispiele für Lastfälle einer 175mm Kurbel[14]*

Es wird zwischen statischen und dynamischen Belastungsarten unterschieden. Bei den dynamischen, zyklischen Belastungen erfährt das Bauteil die größte Last mit $F_{max}$ = *1800 N*. Die Kurbel muss eine entsprechende Dauerfestigkeit aufweisen, welche in diesem Beispiel auf *1*10⁵* Lastwechsel ausgelegt ist. Die in der Abbildung zu sehenden Lasten stammen aus bereits aufgenommenen Daten durch Probanden mittels Leistungsdiagnostik. Bei einer Belastung der Kurbel über die Last von *1800 N* + Sicherheitsfaktor wird die Biegebelastung der Kurbel überschritten und es kommt zu Verformungen. Um diese Belastungsgrenze zu erhöhen kann die Geometrie der Kurbel oder der eingesetzte Werkstoff geändert werden. Welchen Einfluss die Geometrie auf die Erhöhung der Belastungsgrenze hat, wird in Abbildung 6. dargestellt.

---

[14] Richard, et al., 2017, S.47

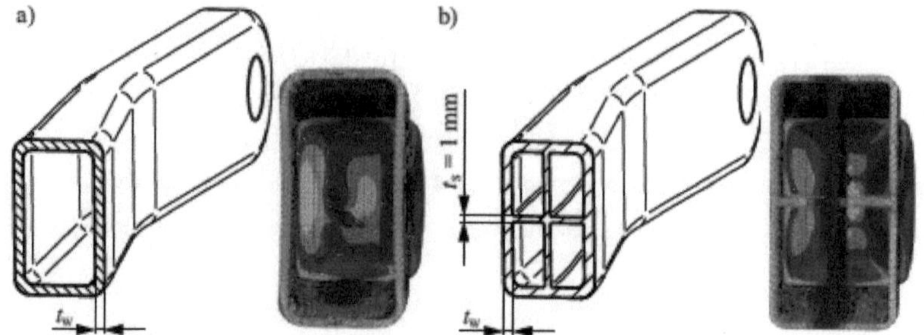



Simulationsergebnisse für die Last von 1500 N und dem Tretkurbelwinkel von 180°, jeweils visualisiert mit einem Deformationsfaktor von 1
a) Deutliche Verformung des Hohlprofils (für Wanddicke $t_w$ von 1 mm)
b) Formstabilität des Mehrfeldträgers durch Versteifung

*Abbildung 6: Belastung von zwei unterschiedlichen Tretkurbeln mit unterschiedlichen Geometrien*[15]

Bei der Struktur mit dem Mehrfeldträger ist die Kurbel Formstabil. Wobei die gleiche Last beim Hohlprofil für deutliche Vorformungen sorgt. Die Anforderungen, die an die Kurbel gestellt werden, sind: Gewichtsreduktion, optimale aerodynamische Geometrie und ein integriertes Powermeter. Das Gewicht bei Standardkurbeln der Länge *175 mm* der Firma Shimano, die aus dem Werkstoff Aluminium bestehen liegt bei ca. *269 g* pro Kurbelarm.[16] Unter der Aerodynamik wird die Geometrie in Bezug zum Luftwiderstand verstanden.[17] Bei einer optimalen aerodynamischen Geometrie des Kurbelarms geht der Luftwiderstand gegen *0 kg/m³*. Die Anbringung eines Powermeters ist nicht angedacht. Weitere Einwirkungen durch die Systemumwelt oder andere Belastungen durch den Fahrer werden nicht weiter betrachtet.

Für die Herstellung des neuen Kurbelarms wird eine Titanaluminiumlegierung TiAl6V4 ausgewählt. Dieser Werkstoff ist optimal für festigkeits- und leichtbauoptimierte Bauteile, da optimale Kennwerte aufweist bei gleichzeitig mittlerer Dichte von *4,42 g/cm³*.[18] Zudem wird die Struktur der Kurbel komplett abgeändert. Es werden dünnwandige Strukturen weiter von der neutralen Faser entfernt angeordnet und innere Strukturen ergänzt. Dies sollte für eine zusätzliche Gewichtsreduktion, bei erhöhter Steifigkeit und optimaler Spannungsverteilung sorgen.

---

[15] Richard, et al., 2017, S.46
[16] bikeimport, 2022
[17] Vgl. Schütz, 2013, S.227 ff.
[18] Vgl. Richard, et al., 2017 S.45

Nun werden die vorhandenen Anforderungen in einer computergestützten Simulationsumgebung modelliert. Das gewählte Programm ist Matlab Simulink, welches eine interaktive grafische Entwicklungsumgebung bietet. In Matlab Simulink können lineare und nichtlineare dynamische Systeme modelliert und simuliert werden. Nichtlineare Zusammenhänge werden blockorientiert gewonnen.[19]

Das Kurbelsystem samt relevanter Einflüsse wird nun mit allen Parametern in ein mathematisches Modell transformiert und grafisch mit Funktionsblöcken in Matlab Simulink nachgebildet. Jetzt kann das abgebildete Modell simuliert werden. Die Parameter des Modells können beliebig geändert werden, bis das gewünschte Ergebnis erreicht ist. Somit können schnell und kostengünstig ohne einen physischen Prototyp oder durch Experimente Erkenntnisse gewonnen werden. Auch die Parameter der Struktur können im Modell abgeändert werden, dabei ist nur darauf zu achten, dass die Struktur technisch herstellbar ist. Dabei sollte ein ständiger Austausch mit dem jeweiligen Konstrukteur stattfinden. Durch diesen Austausch entsteht gleichzeitig ein 3-D Modell, das später zur Herstellung des Prototyps verwendet werden kann. Durch Simulation des Modells können Beanspruchungen und Spannungsverteilungen des Bauteils anhand von Diagrammen oder Grafiken ausgegeben werden. Anhand der Diagramme können die Ergebnisse mit den Anforderungen verglichen werden. Mögliche Diagramme und Grafiken sind in der Abbildung 7 und Abbildung 8 dargestellt. Abbildung 7 zeigt dabei schematisch ein mögliches bruchmechanisches Verhalten des Kurbelarms unter dynamischer Beanspruchung. Damit können die Parameter des Kurbelarms auf Dauerfestigkeit ausgelegt werden.

---

[19] Vgl. Pietruszka, 2014 S.167

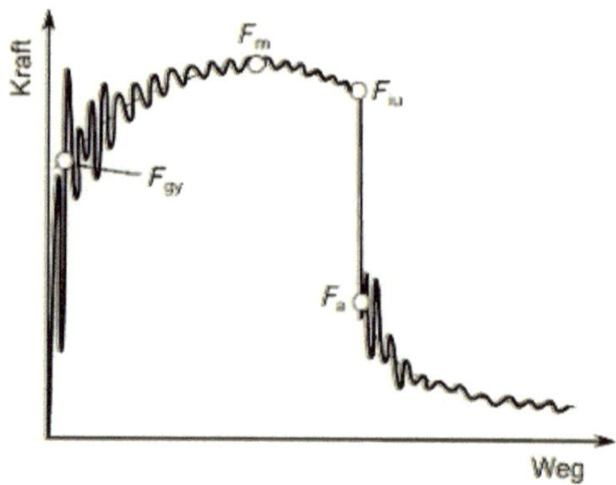


*Abbildung 7: Diagramm dynamische Belastung über die Zeit bis zur Überbelastung F_u[20]*

Abbildung 8 zeigt die Spannungsverteilung im Kurbelarm. Anhand der Spannungsverteilung ist zu sehen, dass eine optimale Spannungsverteilung vorherrscht.

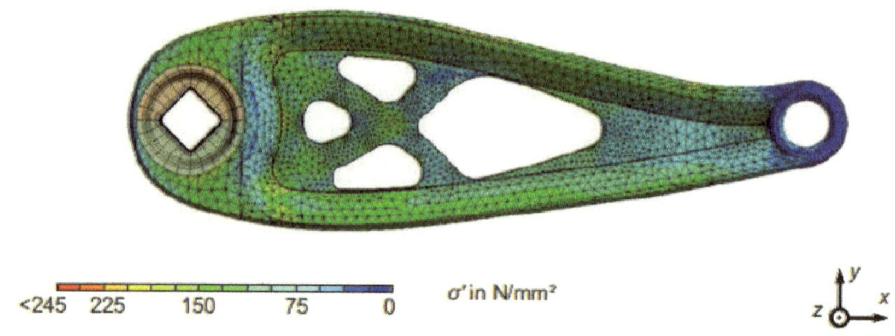


*Abbildung 8: Spannungsverteilung im Kurbelarm[21]*

Sind die Ergebnisse der Simulation konform mit den Anforderungen, kann der Prototyp erstellt werden. Die Ergebnisse liefern auch alle relevanten neuen Parameter der Kurbel, somit kann die Verbesserung schnell quantifiziert werden. Im genannten Beispiel konnte das Gewicht bei

---

[20] Krüger, et al., 2018, S.4
[21] Lachmayer & Lippert, 2020, S.80

verbesserter Spannungsverteilung um *60 %* reduziert werden. Außerdem konnte die maximale Durchbiegung um *30 %* reduziert werden durch die erhöhte Steifigkeit.[22]

Ein großer Vorteil des aufgestellten Modells ist die Wiederverwendung, da bei Neuentwicklungen auf das vorhandene Modell zurückgegriffen werden kann. Es müssen einzig die Parameter angepasst werden. Somit können Entwicklungszeiten eingespart werden.

### 3.2.3   Erstellung des Prototyps

Zur Herstellung des Prototyps kann ein Laserstrahlschmelzprozess verwendet werden. Dieser wird auch Selective Laser Melting (SLM) genannt. Zur Anwendung des Verfahrens ist ein 3-D Datenmodell, die dazugehörige Stützstruktur und die Definition der Prozessparameter notwendig.[23] Diese Notwendigkeiten sind wie im Kapitel 3.2.1 beschrieben vorhanden. Beim SLM erfolgt der Bauteilaufbau schichtweise in einem Pulverbett. Dabei wird Pulver mit einem Laser selektiv aufgeschmolzen. Durch das Aufschmelzen sind sehr gut mechanische Eigenschaften erzielbar.[24] Ausgangsmaterialien sind häufig Aluminium und Titan in Pulverform.[25] Abbildung 9 zeigt den schematischen Aufbau des SLM Verfahrens.

[22] Vgl. Bender & Gericke, 2021, S.797
[23] Vgl Richard, et al., 2017, S.42
[24] Vgl. Lachmayer & Lippert, 2017, S.9
[25] Vgl. BG ETEM Energie Textil Elektro Medienerzeugnisse, 2021

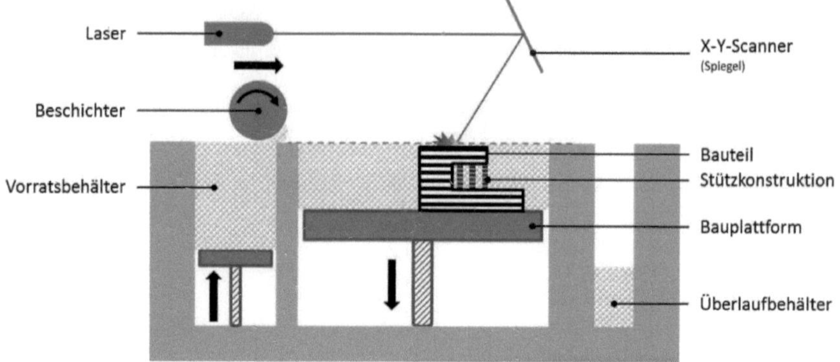


*Abbildung 9: Schematische Darstellung des SLM Verfahrens[26]*

Durch den Beschichter wird immer eine neue Schicht Pulver aufgetragen und durch den Laser wird die Pulverschicht aufgeschmolzen. Durch die Wiederholung des Prozesses bilden sich mehrere Schichten und das gewünschte Bauteil kann erzeugt werden. Ein weiterer Vorteil des Verfahrens ist die Ressourcenschonung durch die Wiederverwendbarkeit des nicht benutzen Pulvers.[27]

Folglich werden die benötigten Inputs an die Steuerung der Laserschmelzanlage gegeben und das Bauteil wird erzeugt. Das Ergebnis des Prozesses ist ein anwendungsfähiger Prototyp, welcher in Abbildung 10. schematisch dargestellt wird.

*Abbildung 10: Schematische Darstellung des lasergeschmelzten Kurblarms[28]*

---

[26] BG ETEM Energie Textil Elektro Medienerzeugnisse, 2021
[27] Vgl. Richard, et al., 2017, S.43
[28] Lachmayer & Lippert, 2020, S.798

Der Prototyp kann nach der Herstellung am Rennrad montiert werden. Am Prototyp können einzelne Versuche durchgeführt werden, um noch offene Anforderungen zu verifizieren und validiert werden. Danach kann das Produkt dem Kunden übergeben werden.

Das Vorgehen anhand des Beispiels zeigt, dass Forschungs- und Entwicklungszeiten durch den technischen Fortschritt deutlich reduziert werden können. Unter anderem führt der Einsatz der Anwendung Matlab Simulink und des Verfahrens SLM zu verkürzten Durchlaufzeiten im Prototyping. Durch diese verkürzte Durchlaufzeit kann das Vorgehen Rapid Prototyping genannt werden.

# 4. Kritische Würdigung der wissenschaftlichen Arbeit und Fazit

Die primären Ziele der wissenschaftlichen Arbeit wurden allgemein erfüllt. Jedoch gibt es Kritikpunkte. Vor dem Hintergrund, dass die Vorteile der Wiederverwendung der Modelle in Matlab Simulink vor allem bei komplexen mechatronischen Systemen gewinnbringend eingesetzt werden können, wäre auch die Auswahl eines mechatronischen Systems von Vorteil gewesen. Dabei hätte auch das Vorgehensmodell aus dem Kapitel 2.1 mehr Anwendung, durch die Integration von Software- und Elektronikkomponenten, gefunden. Ein weiterer Kritikpunkt ist die undetaillierte Ausarbeitung der weiteren Schritte des Vorgehensmodells nach der Erstellung des Prototyps. Die Vor- und Nachteile des Rapid Prototyping Prozesses wurde nur in einzelnen Kapiteln kurz angeschnitten. Eine gesonderte Betrachtung wäre von Vorteil gewesen. Die Ausarbeitung der einzelnen Punkte wäre bei einer unbeschränkten Seitenzahl der wissenschaftlichen Arbeit möglich gewesen.

Die Zukunft in der Forschung & Entwicklung bzw. Produktentwicklung wird dem Rapid Prototyping gehören, da die immer komplexer werdenden Produkte und schnelleren Entwicklungszyklen alle Marktteilnehmer zu einem Einsatz des Verfahrens zwingen.[29] Auch die Öko-Bilanz wird eine entscheidende Rolle spielen und mit dem Einsatz der Prototyping Verfahren wie SLM beschränkt sich der Materialeinsatz im Wesentlichen auf das Gewicht des fertigen Prototyps.[30] Der Nachteil ist jedoch die hohe Einstiegsschwelle für Kleinunternehmen und den Mittelstand, da hohe Investitionen für Hard- und Software, sowie für spezialisiertes Personal ausgegeben werden muss. Dies führt zu einem Vorsprung der größeren Unternehmen, da diese schneller Produkte durch das Rapid Prototyping auf den Markt bringen können. Jedoch sollte dieses Problem in Zukunft durch die Weiterentwicklung der Hardware und der damit verbunden sinkenden Kosten gelöst werden. Durch die Weiterentwicklung der Rapid Prototyping Verfahren werden noch komplexere Strukturen und Produkte erzeugt werden können, mit denen wiederum Fortschritte im jeweiligen Anwendungsbereich gemacht werden.

---

[29] Vgl. Lachmayer & Lippert, 2020, S.139
[30] Vgl. Lachmayer & Lippert, 2020, S.144

## III.  Literaturverzeichnis

Aichele, C. & Schönberger, M., 2014. *IT-Projektmanagement: Effiziente Einführung in das Management von Projekten.* s.l.:Springer Vieweg Verlag.

Arenasolutions, 2022. *arenasolutions.* [Online]
Available at: https://www.arenasolutions.com/resources/glossary/time-to-market/
[Zugriff am 29 06 2022].

Bender, B. & Gericke, K., 2021. *Pahl/Beitz Konstruktionslehre: Methoden und Anwendung erfolgreicher Produktentwicklung.* 9. Hrsg. s.l.:Springer Vieweg Verlag.

BG ETEM Energie Textil Elektro Medienerzeugnisse, 2021. *bgetem.* [Online]
Available at: https://www.bgetem.de/arbeitssicherheit-gesundheitsschutz/brancheninformationen1/druck-und-papierverarbeitung/3d-druck-additive-fertigungsverfahren/laser-strahlschmelzen-und-laser-sintern
[Zugriff am 27 Juni 2022].

bikeimport, 2022. *bikeimport.* [Online]
Available at: https://bikeimport.ch/shop/product/21728/-98
[Zugriff am 26 Juni 2022].

Computer Zeitung, 2005. Computer Zeitung. *Softwareentwicklung läuft nicht auf Zuruf,* 14 11.

Eigner, M., Dickopf, T. & Apostolov, H., 2017. *The Evolution of the V-Model: From VDI 2206 to a System Engineering Based Approach for Developing Cybertronic Systems.* Kaiserslautern, Springer Vieweg Verlag.

Eigner, M., Roubanov, D. & Zafirov, R., 2014. *Modellbasierte virtuelle Produktentwicklung.* Kaiserslautern: Springer Vieweg Verlag.

Jonas, 2019. *bike-components.* [Online]
Available at: https://www.bike-components.de/blog/2019/08/powermeter-systemuebersicht/
[Zugriff am 26 Juni 2022].

Kruck, I., 2018. *acs-vertrieb.* [Online]
Available at: https://acs-vertrieb.de/direct-mount-kurbeln-am-rennrad-der-kommende-standard-pid2429#
[Zugriff am 26 Juni 2022].

Krüger, L., Trubitz, P. & Henschel, S., 2018. *Bruchmechanisches Verhalten unter quasistatischer und dynamischer Beanspruchung.* [Online]
Available at: https://docplayer.org/54939269-1-bruchmechanisches-verhalten-unter-quasistatischer-und-dynamischer-beanspruchung.html
[Zugriff am 26 Juni 2022].

Lachmayer, R. & Lippert, R. B., 2017. *Additive Manufacturing Quantifiziert: Visionäre Anwendungen und Stand der Technik.* s.l.:Springer Vieweg Verlag.

Lachmayer, R. & Lippert, R. B., 2020. *Entwicklungsmethodik für die Additive Fertigung.* s.l.:Springer Vieweg Verlag.

Liao, J., 2022. *Generische automatische Applikation für die Vorentwicklung von Hybridgetrieben in Rapid-Prototyping-Umgebung.* s.l.:Springer Vieweg Verlag.

Pietruszka, W. D., 2014. *MATLAB und Simulink in der Ingenieurpraxis: Modellbildung, Berechnung und Simulation.* 4. Hrsg. s.l.:Springer Vieweg Verlag.

Richard, H. A., Schramm, B. & Zipsner, T., 2017. *Additive Fertigung von Bauteilen und Strukturen.* Paderborn: Springer Vieweg Verlag.

Schütz, T., 2013. *Hucho - Aerodynamik des Automobils: Strömungsmechanik, Wärmetechnik, Fahrdynamik, Komfort.* 6. Hrsg. s.l.:Springer Vieweg Verlag.

US Census Bureau, 2020. *Statista.* [Online]
Available at: https://de-statista-com.gw.akad-d.de/prognosen/424007/fundenatur-ingenieur-agrarwissenschaften-uae-umsatz-in-den-usa
[Zugriff am 30 06 2022].

VDI, 2021. *vdi.* [Online]
Available at: https://www.vdi.de/richtlinien/programme-zu-vdi-richtlinien/vdi-2206
[Zugriff am 25 Juni 2022].

Zauner, M. & Schrempf, A., 2009. *Informatik in der Medizintechnik: Grundlagen - Software - Computergestützte Systeme.* s.l.:Springer Vieweg Verlag.